たまの駅長だより

～いちご電車で[illegible]きて～

はじめに

2007年1月5日に
日本の民営鉄道で初めて
ネコの“たま駅長”が誕生しました。
仲良しの“ミーコ”と“ちび”の
助役と一緒に、貴志川線を訪れる人たちを
優しく温かく出迎えてくれます。

そんな素敵なネコ駅長たちに
あなたも会いに出かけてみませんか？

プロフィール

名前	たま（駅長）		
年齢	8歳（1999.4.29生まれ）	性別	♀
体重	4,800g	性格	おとなしい
特技	天気予報	睡眠時間	朝食後8:00〜
好きな食べ物	サイエンス・ダイエット、 モンプチ缶 ほか		
ひと言	駅長に大抜擢されて 本当ビックリだけど、 がんばるから応援よろしくね。		

名前	ミーコ（助役）	性別	♀
年齢	9歳（1998.10.3生まれ）		
体重	4,000g	性格	人なつっこい
ひと言	こんにちは、駅長“たま”の ママです。可愛い娘の サポートは任せてね！		

名前	ちび（助役）	性別	♀
年齢	7歳（2000.5.12生まれ）		
体重	3,200g	性格	はずかしがりや
ひと言	縁あって“たま”“ミーコ”と 同居中です。急に 注目されて照れるなぁ…。		

お仕事姿

たま駅長たちの
主な仕事は「客招き」
今日もさっそく
乗客のお出迎えです

まずは
ニャ〜ッと
ごあいさつ！の
ミーコ

人見知りのちびは
ちょっぴり
キンチョウ〜〜〜

働くネコさん

今日は朝日が
まぶしいニャー

働く後ろ姿も
立派です

お客さんが来ました

嬉しさを
シッポで表現

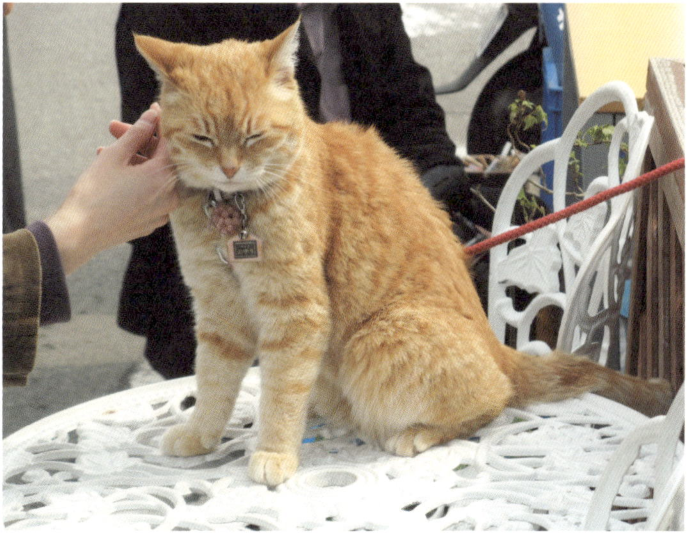

いらっしゃいませ
なでて なでて♡

写真なれ

ちびもいちご帽をかぶって
営業してみました…

でも やっぱり
目つぶっちゃった

余裕の
ミーコです

お客さんが
いない間に
大胆ポーズのたま

ん？
まさか
撮られた!?

やめてよ
はずかしい〜〜

ふれあい①

そのオモチャは
いやニャ
ベーーッ

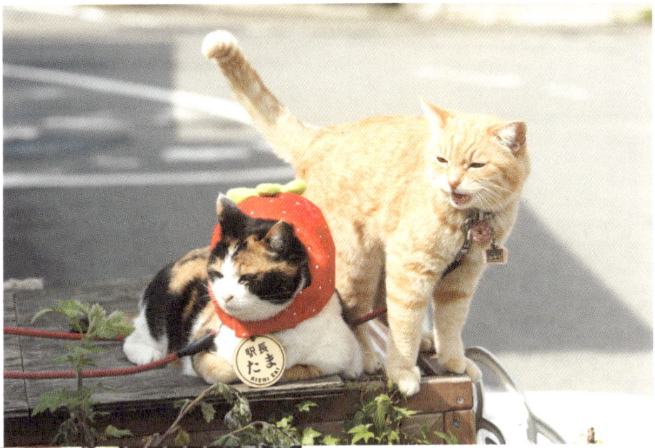

はじめての
お客さんだ

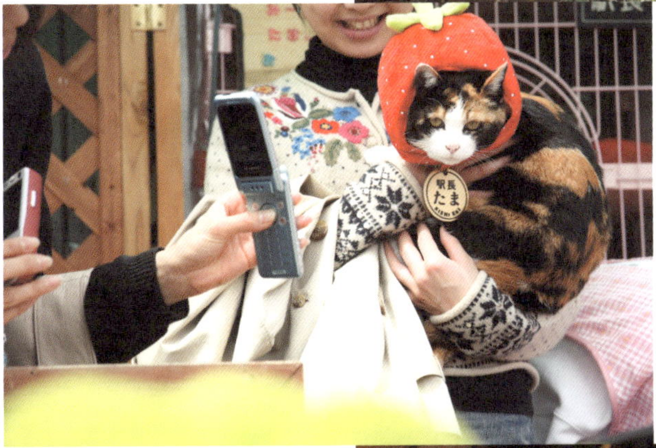

記念写真も
バッチリよ

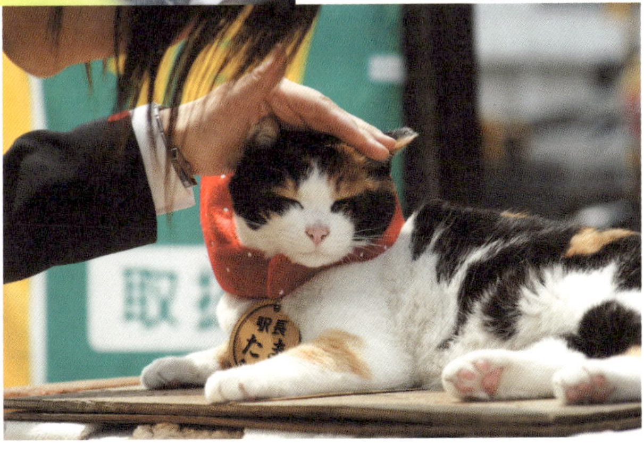

やさしく
なでてもらったの

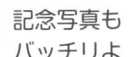

晴天なり

お天気がよく
あたたかい日には

売店前の仕事場と
遊び場をかねた場所で
過ごしています

みんな本当に
仲良しなのです

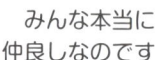

ネコ草に
パクリッ

口から葉っぱが はみ出てる!?

ココ

"ネコ駅長"誕生までの道のり
たま７歳
駅長 たま
小山商店のお母さん
ミーコ８歳
ちび６歳
絵／松上かんな
たまが駅長になる前
駅近くの猫小屋《おうち》で 小山商店のお母さんに飼われていましたが
小屋が公道にかかっているということである日 立ち退きを迫られてしまいました…
小山商店のお母さんはわかやま電鉄の社長さんに
ニャー
どうか駅前に小屋を置かせてもらえるようお願いします！
ふむふむ
たまちゃーん♡
ゴロゴロ
なんて立派な猫ちゃんだろう駅の利用客にも人気だし…
これはいい猫《コ》だ
…そうだ

貴志《きし》駅は無人駅で
駅長が不在だから
駅にいるなら
たまに駅長になって
もらいましょう!
そんな経緯で
たま駅長の誕生です!!
特製の駅長帽も
作ってもらいました
駅長
たま
ピカピカの
駅長ネームプレート
同時に ミーコと
ちびも助役に任命!
2007年1月5日には
大勢の人が集まり
任命式も行われました
でも 除幕式には
たま興奮のため
ミーコが代役に…
そして現在　TVや雑誌にも登場し
「招き猫」パワーを発揮
和歌山近郊ばかりでなく　全国から
ファンが訪れるほどの人気者に!
ちなみに
駅長＆助役の
報酬は…
一年分の
キャットフードと
長寿のお札です
みなさんも ぜひ
ニャー
貴志駅へ
遊びにきてネ!!

改札にて

電車到着の
時刻に合わせて

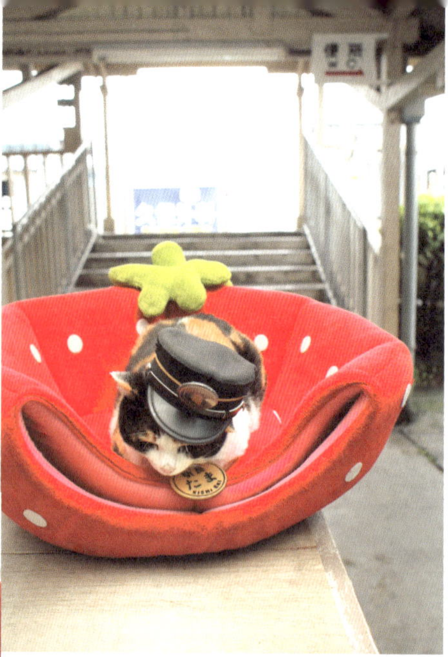

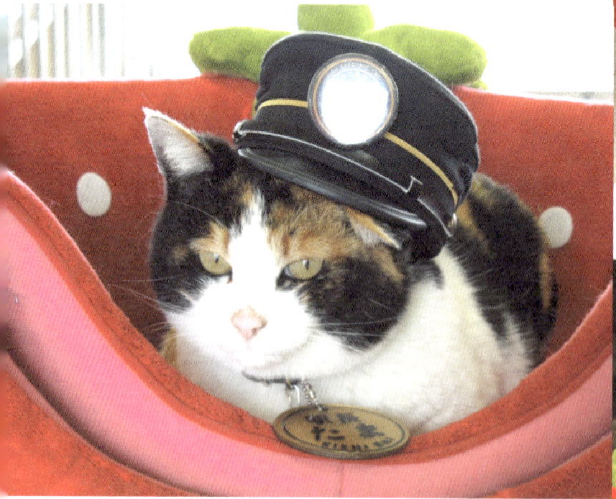

改札口でスタンバイ！

まだかな
まだかな～

落ちないでね↗

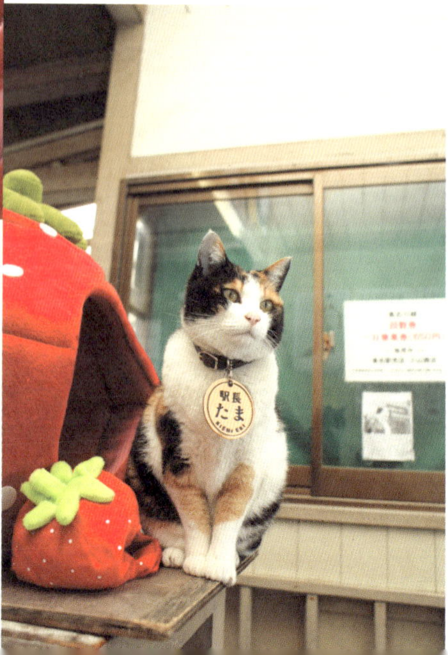

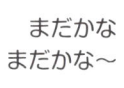

お客さん
来ないなぁ……

待ちくたびれ
ちゃったよ〜〜〜

くつろぎタイム

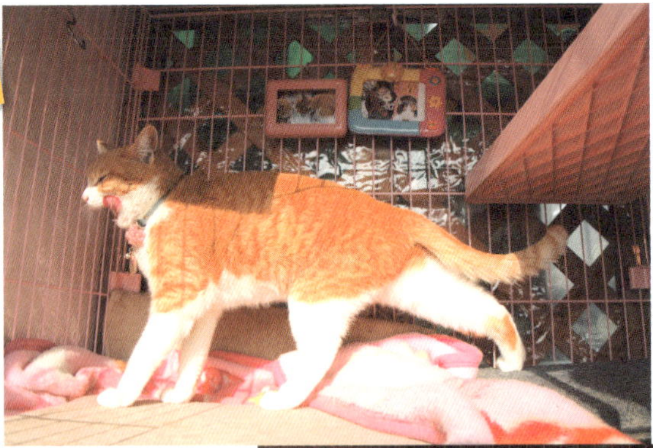

おいしい
食後の
軽いステップ♪

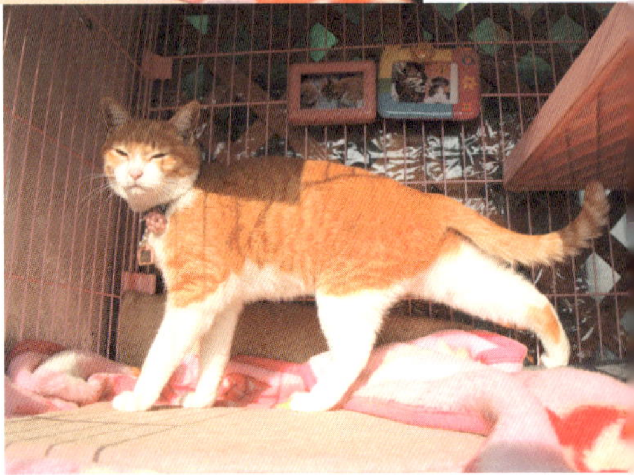

なんか顔に
くっついたかも？

ええい
ゴロンとニャ!

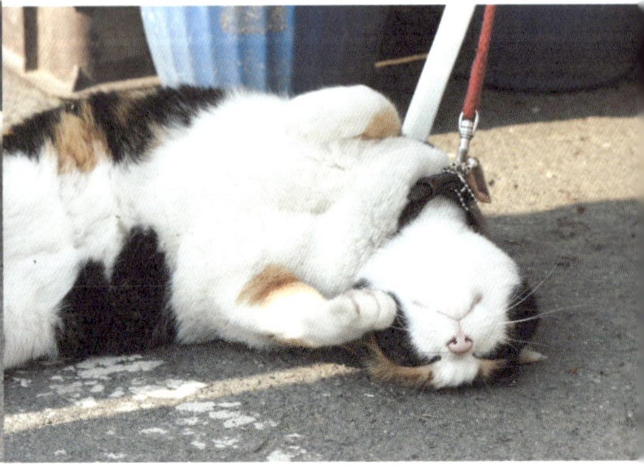

大人気の
いちごソファ

あったか安心
最高の寝心地♡

食後のお休み中なんです

受難

おだやかで

かわいい顔を

たまには辛いこともあるけれど、地元の方たちや遠くから

お おも…い

仕方ない 出ますか

豹変させてしまったのは――

タコヤキ…でした

近くで食べてゴメンナサイ

訪れるファンの人たちに見守られて元気に過ごしています

でも ちょっと未練…

そして ミーコは――?

ココ♡

ネコの本能

ギラ〜ン

獲物を狙う するどい目線

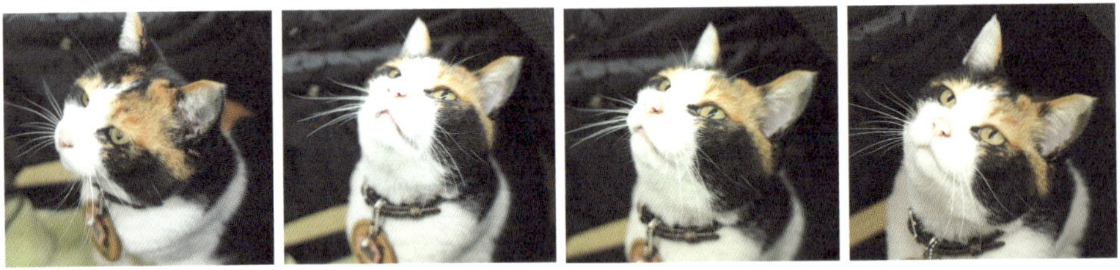

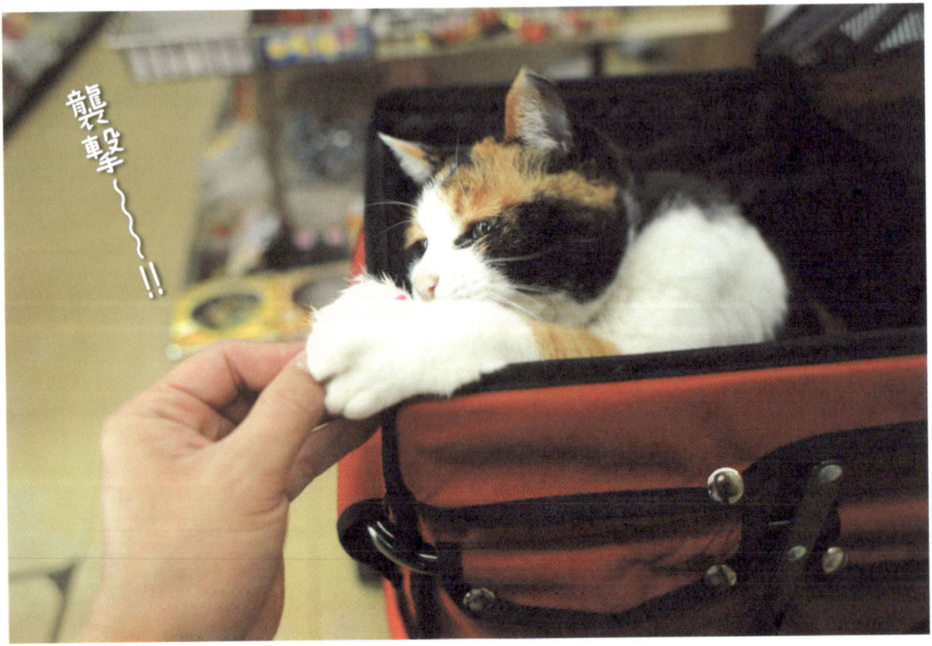

怪しいものは
なんでもチェック

眠るのも大切な
ネコのお仕事なのです

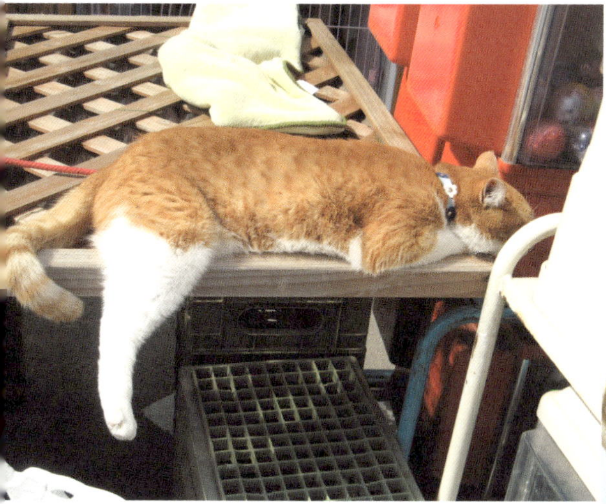

↗後ろ足が落ちてる…

すき間から
見た寝顔

貴志川線イラストマップ

貴志川線について ~廃線の危機を乗り越えて~

貴志川線は和歌山から貴志駅を結ぶ全長わずか14.3キロの路線です。一度は廃線が検討されましたが地元住民の熱心な存続運動が実を結び、南海鉄道から両備グループのわかやま電鉄に引き継がれました。2006年4月1日に運営を再開、復活のシンボルとして貴志川の名産品であるいちごで親しみやすさをアピールした改装電車「いちご電車」も登場し、この改装のためにサポーターを募り、10口以上（1口1000円）を募金してくれた方たちの名前が車内の記念プレートに記されています。
そして可愛らしい「いちご電車」と相性もぴったりの“ネコ駅長＆助役”の誕生でさらに多くの話題と注目を集めています。

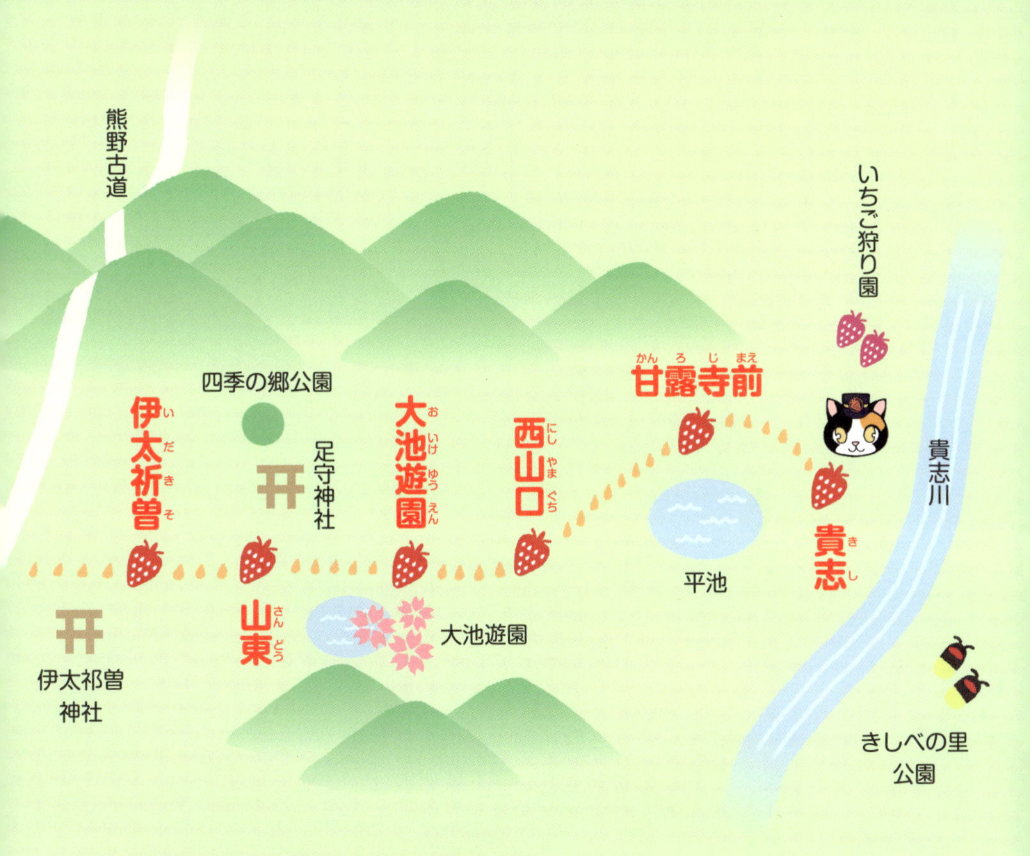

駅長さんたちには、どこで会えるの？

和歌山市の玄関口・和歌山駅から、わかやま電鉄貴志川線に乗っておよそ30分で終着・貴志駅に到着。貴志駅前の売店内にて、お客さまをお待ちしております。

☆なお日曜は売店と共に休業日のため、会うことはできませんのでご了承下さい。

観光名所

伊太祁曽神社

木の神様として知られる五重猛命(いたけるのみこと)を祀る神社。御神木の大杉の股をくぐると厄除けになるといわれています。

大池遊園

春にはたくさんの桜が咲き誇る桜の名所です。大池では貸しボートの利用も可能で、水面に映る桜は一見の価値があります。

きしべの里公園

美しい自然の中、休日にはキャンプなど多くの家族連れで賑わう人気スポット。夏はホタル観賞や屋形船も運行します。

母娘だなぁと感じる時

W《ダブル》でウフ♡ポーズ！
（撮影隊に大サービス）

油断

気持ち
いいニャ――

――――～～～ッと
あくび出ちゃった！

遊んでもらって
うひょ 楽しい!

夢中になりすぎ
止まれないッ

たま ピンチ!!

表情変えずに
パクリ…

退治終了

誰の××でしょうか？

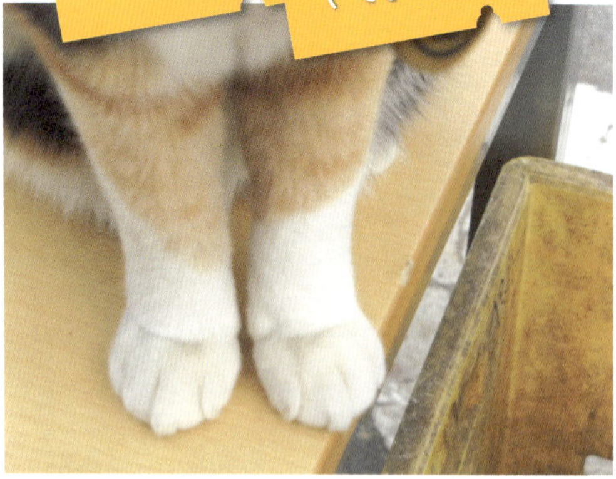

正解：たまでした

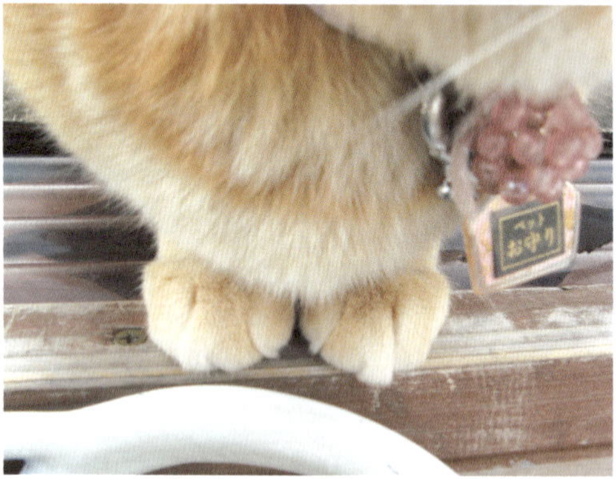

正解：ミーコでした

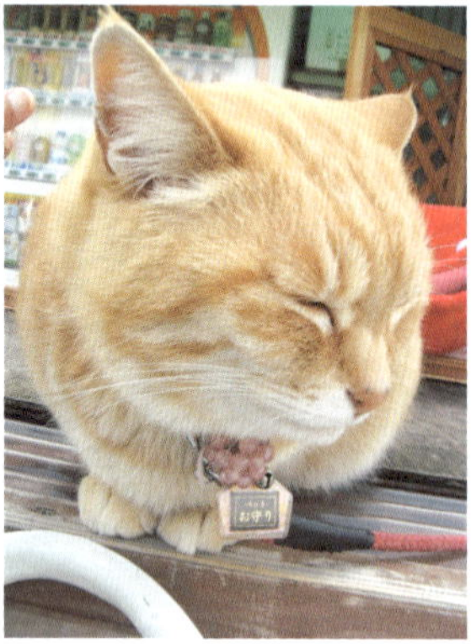

正解：ちびでした
手足が白い
ところが
ポイントニャ！

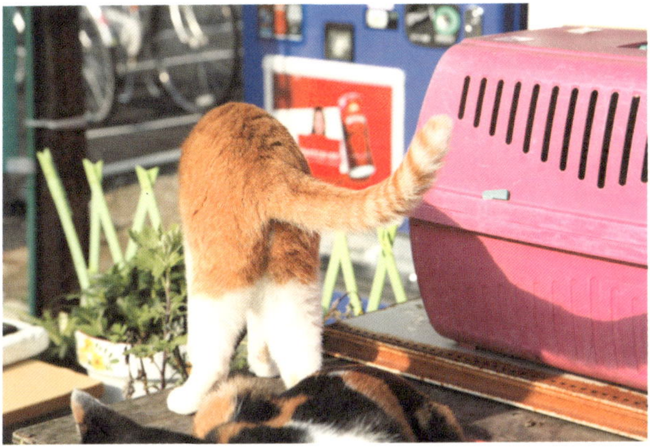

~~おしり~~
後ろ姿
3連発！

はずかしいショットに、
みな赤面!?

今度は
寝顔
3連発!!

ぽかぽか陽気に、
ウトウトが連鎖か…

もひとつ
あくび
３連発!!!

みんなリラックス…
でもアゴ外れそう

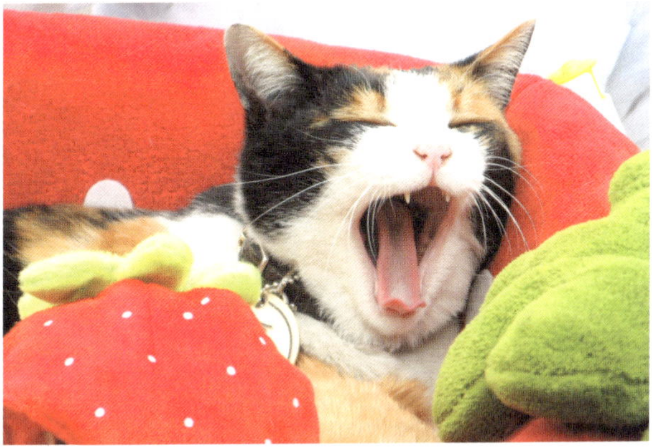

衝動

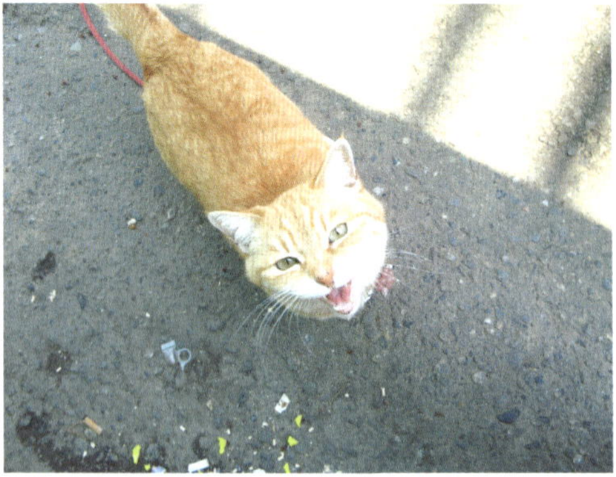

何か
訴えてる!?

察知して
走るたま！

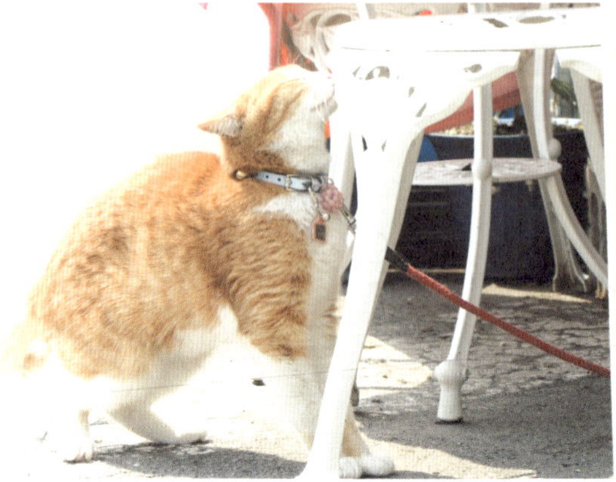

鼻かゆーい

なんだそれだけ？と
たまガックリ…

たまは見た…

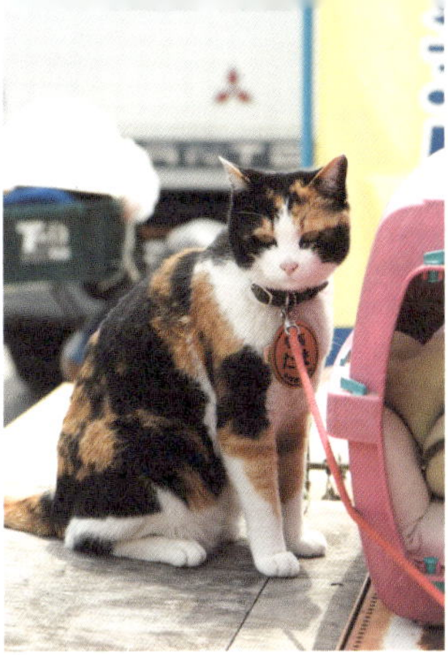

誰が
ゴミ箱を

倒したのかを———

周辺確認も
駅長の仕事なの

「いちご電車」とは…

貴志川線復活のシンボルとして地元特産の“いちご”をモチーフに改装された可愛い電車です。外装は白を基調に、ドアやマークには赤を効かせて、内装には木をふんだんに使って温もりいっぱい。それでは「いちご電車」を見に出発進行！

いよいよ登場！
景色に映える白と赤の車両が颯爽と現れます。

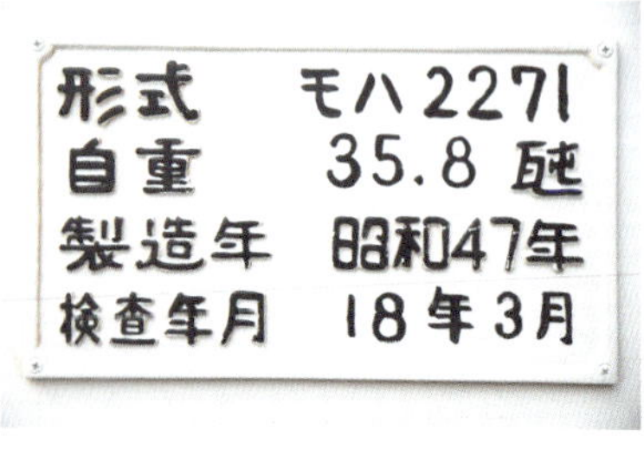

形式や重さなどが
記されたプレート。

車庫にて整備点検中の
車両を正面から撮影。

田園風景の中を
走る電車は地元
でも大人気。

ドア周りの大きないちごが
目をひきます。

２両編成の車両の
連結部にもいちごが！

今度は素敵な車内を案内します。
なんだか普通の電車とは違うみたい。
木の香りと、いちご柄に囲まれた
不思議な空間の細部が明らかに！

明るくきれいな車内に、いちご電車ポスターがずらり。

車内全体

サービスカウンター（楢の木）

車内イベントがある時など
大活躍します。

真っ赤な乗降ドア

ワンマンカーだから、乗車整理券を取ってね！

ロールブラインド（科の木）

床（楢の木）

つり革（吊り手部分に樺の木）

優先席(楢の木)

車椅子のまま車窓から景色が眺められるように工夫されています。

のれん(赤と白の2種類)

1両目と2両目では、
色とデザインにも変化が。

長座席(いちご柄モケット貼り付け)

ベンチ(楢の木、いちご柄座布団)

いちご柄アップ

いちご模様で埋めつくされた座席。実は車両ごとに柄の濃さが違うんです。

日本鉄道賞表彰選考委員会特別賞

懐かしさを誘う駅舎や線路と豊かな自然の中を走る「いちご電車」。
地元の人々の足として、今日も愛され見守られながら走っています。

到着したばかりの貴志駅で、
ちょっとした撮影会に。

和歌山駅で
女性運転士さんと一緒に。

青い空と緑をバックに
踏み切り前を横切る電車。

反対方面の電車から駅に入る正面を撮影。単線ならでは。

伊太祈曽駅で待ち合わせた
上下列車が仲良く並びます。

「いちご電車」は気に入ってくれたかな？
そしてもう1つ、新しい車両の紹介があります！
なんと '07年の夏に、新車両「おもちゃ電車」が
デビューしました。おもちゃの販売を手掛ける、
TJホールディングカンパニーがサポーターとなって、
わかやま電鉄と共同で作製、赤い外観に車内にはなんと
ショーケースを設置して、おもちゃを展示し休日などには
販売も行います。カプセルトイの自動販売機も入り
この電車でしか買えない駅長グッズも登場する予定です。
夢と遊び心の詰まった「おもちゃ電車」にも、
ぜひみんな乗りに来てね！

DESIGNED BY EIJI MITOOKA
+DON DESIGNASSOCIATES

ガマンの限界

お客さんのいない間に、これからちょっと
自分たちの世界に浸っちゃおうかな～。

覗き込んで

熱視線を送る
たま

ちょっと
顔がこわい

魂の叫び！
ギャオ〜〜〜

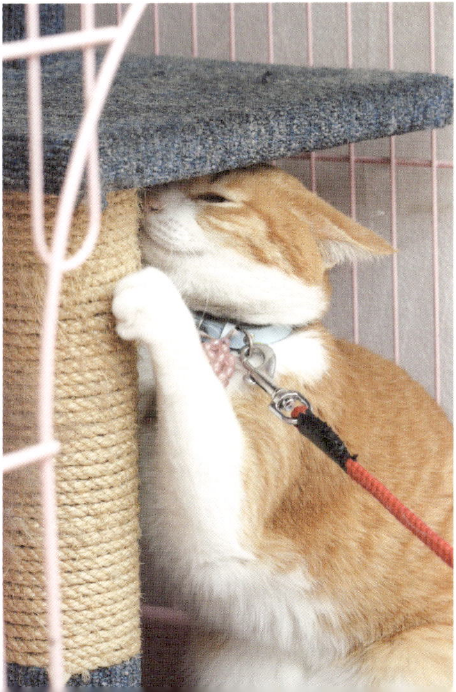

ストレス
発散中！

見てしまった!?

気持ちよーく

寝返りを
打っていたのに

頭をぶつけて
ちょっぴり
さみしそう

慎重に
降りたわりには

シッポの先が
水の中に…

何か
問題でも？

いいえ…

視線の先

隠れたつもりで

様子をうかがうけど

相手はツバメ

届きそうもないかニャー

後ろの方で
気配が…

何かいる!?

名なしのノラさん

駅長
たま

駅長
たま
貴志駅

はじめての

貴志駅ホームに
たたずむ たま

いちご電車の中へ
はじめて入りました

落ちつかないよ…

ちょっと興奮も
したけど

なれてきたので
車内を巡察中

カッコイイ
運転士さんと
記念撮影

※電車内での駅長の撮影は特別な許可をもらい
行っています。移動用ケージなどに入れずに
乗せることは通常できませんのでご注意下さい。

ふれあい②

カメラよりも

いちごみたいな
ストラップが
気になるの

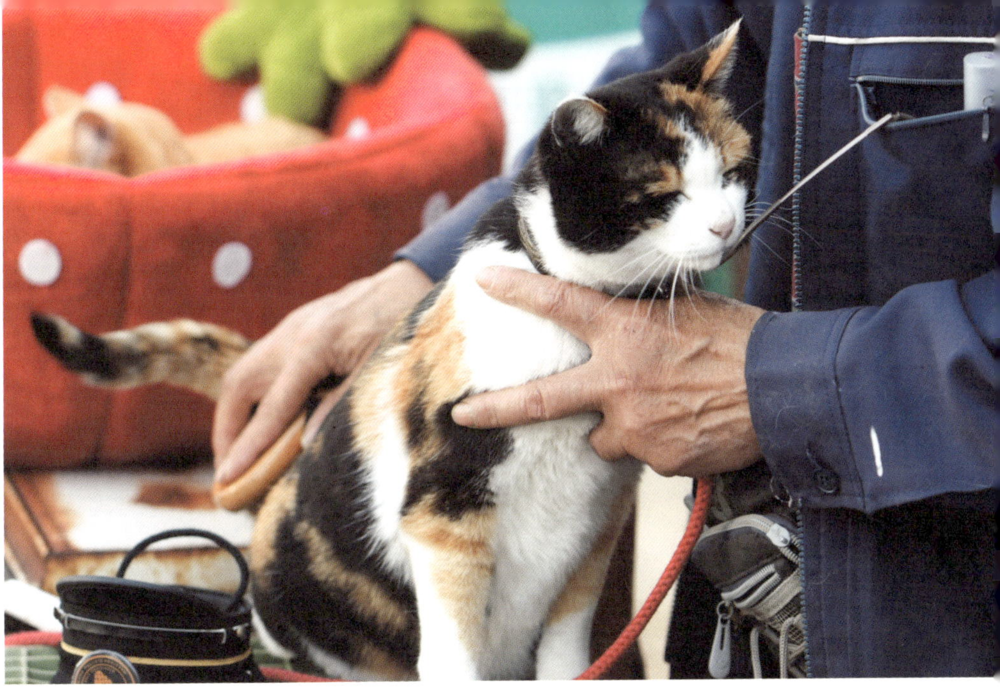

ブラッシング最高～

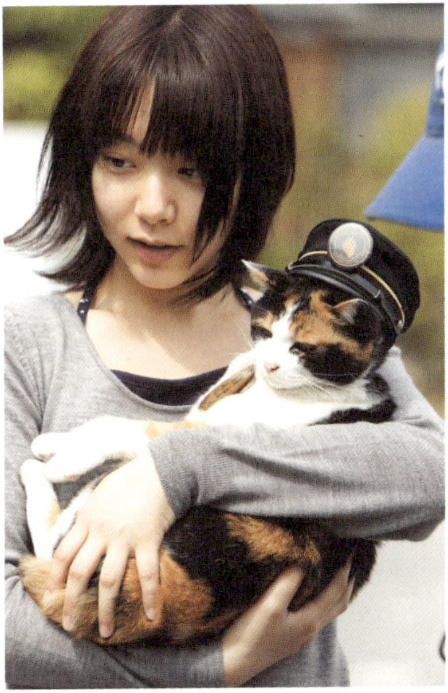

きれいな
お姉さまに
抱かれて１枚

かわいい お客さん

小さなお客さんは
ネコ初体験の
ようです

ネコと電車が
大好きな男の子

たまと一緒に
いちご電車を見送ります

じっと覗きこむ
姿がキュート♡

100円
たま
Pasco

気になる

お鼻の
においが…？

向こう側が…

通過コースにムリがありすぎ

後ろが…

↖鏡ではありません

ずっと後ろに
いられるのは
チョット…

のび——~~~
の瞬間

なんで見てるの——

ネコ夢中

落とさないぞ！
はぐっ

ヘンな顔に
なってる！

２本足で
おやつを
キャ～ッチ

↓ちび

おやつをめぐり
実の母娘で

激しい
バトルが!?

ちび
参戦できず…

しょぼーん

犬？

犬のポーズをまねてみた！

わたしは
お手だって
できるもーん

仲良しの
レオちゃんがきたよ

なごむ～

レオちゃんと
たまの仲に嫉妬!?

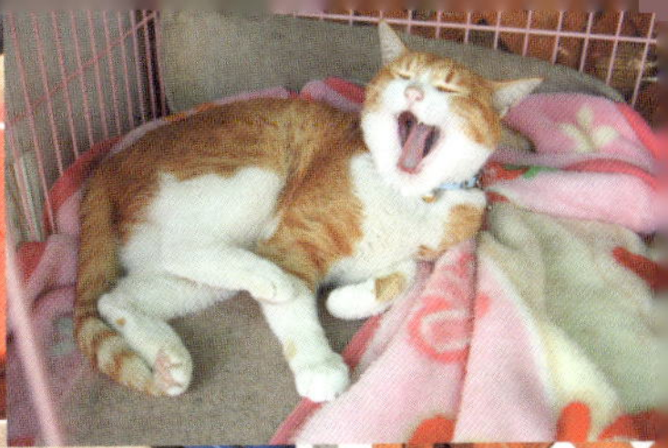

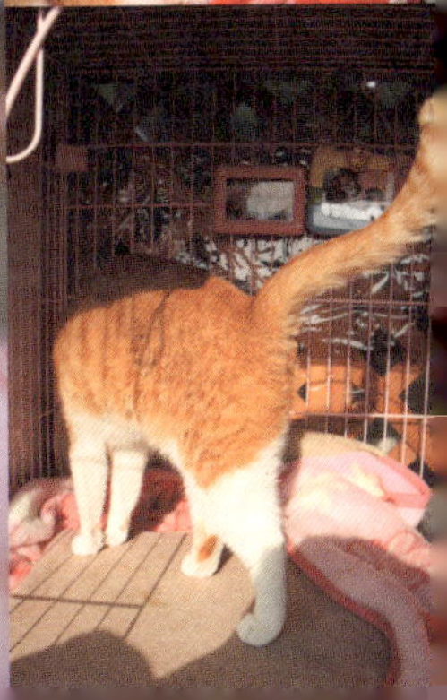

アップを激写

いきなり近づきすぎッ

はな

め

くち

鼻ボクロ発見

←反省?

ね・が・お・♡

シャッターチャンス!

見返り美人♡

カーッ
若いちびには
負けたよ

と言ったかどうか…

前足が
そろってる♡

ピンクの肉球

おしりの二段重ね

勝手にアフレコ

たま

あの ママ
ちょっと
相談が…

ミーコ

ニャンだい？

たま

ほんと
大変なの(泣)

ミーコ

ネコにも悩みが
あるのよね

しんみり

雲の上を
歩く夢を

見たのニャ
ムニャムニャ

大会へ向けて
ターンの練習中！

たそがれ時

お仕事あとの
毛づくろいに
念入りなミーコ

ほとんどの時間が
眠り姫だった ちび

帽子に耳が入っちゃって
不自然な たまですが…

みんな 今日も一日
ご苦労さまでした

帰り際ホームから
見送ってくれる
姿に感涙

お仕事終えて
3匹仲良く
お休みです

幼少時の秘蔵写真を大公開！

やさしいママのもと、
すくすくと育った“たま”の貴重な写真です。
今の“たま”と比べてみてね。

なんだか自分じゃないみたいではずかしい～。

あったかくて安心できる
一番の場所。それは今でも
変わらないけどね。

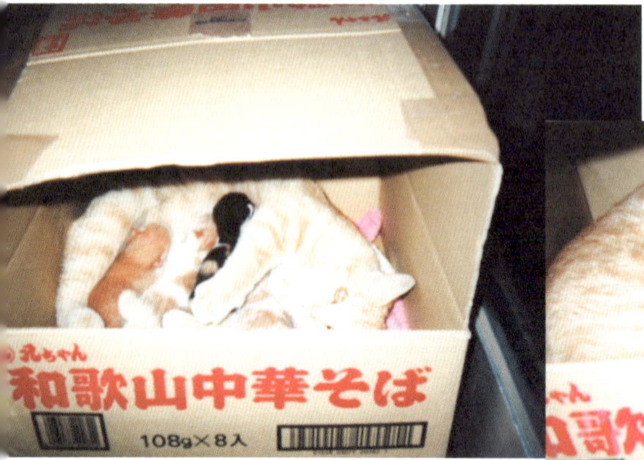

きょうだいと一緒に
眠ったり遊んだり、
楽しかったなぁ。

ちょっとした段差も
上るのに苦労したのが
なんだか嘘みたい。

子供の頃はすごく身軽で
スマート…だったんだよ！
これで信じてもらえた？

まさかこの頃には駅長になる
なんて思いもしなかったけど、
これからも3匹力を合わせて
がんばるから応援よろしく！

駅長&助役 専用アイテム

左より"ミーコ""たま""ちび"への委嘱状。

特製の駅長帽。
これを被ると
身が引きしまります。

目録にはお気に入りのキャットフード
と、長寿のお守りが記されています。

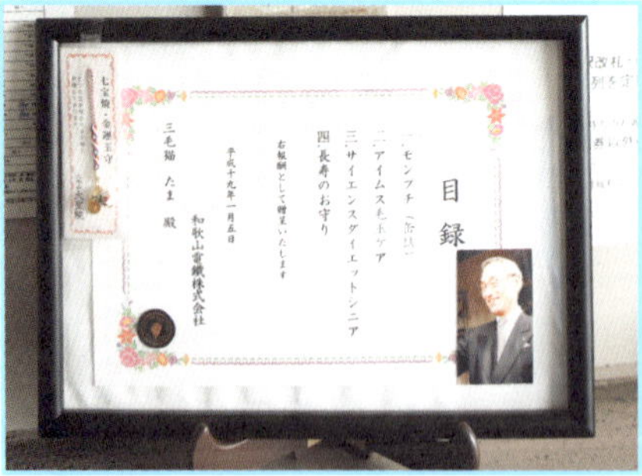

わかやま電鉄1周年記念式典で
「スーパー駅長賞」が授与されました!

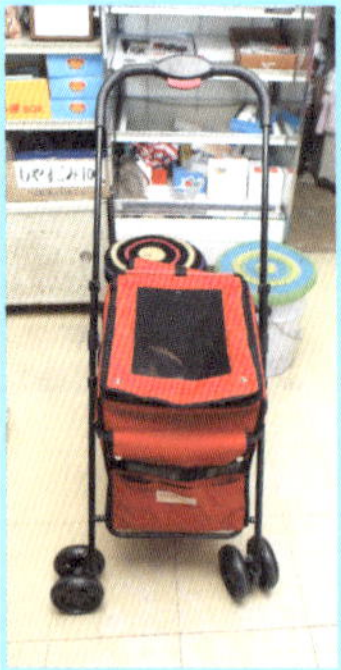

出張用にいただいた
移動専用カート。

3匹が大好きないちごソファ。時には奪い合いなんてことも!?

売店の棚にディスプレーされた委嘱状や写真、ファンからの手作りプレゼントは大切な宝物。

わかやま電鉄オリジナルグッズ

駅長グッズ

「駅長たま」缶バッチ（2種類）

第1弾「駅長たま」絵はがきセット（5枚組）

第２弾「駅長たま」絵はがきセット（４枚組）

いちご電車グッズ

（左上より）
Ｔシャツ
切手シート
絵はがきセット（４枚組）
記念乗車券
缶バッチ（４種類）
ペーパークラフト
ハンカチ

※ページ掲載の品は販売を終了しました。最新グッズのご購入は、わかやま電鉄·伊太祈曽駅、貴志駅ほかネット通販「たま駅長グッズショップ」をご利用下さい。限定品や品切れのため取扱いのない場合もございます。

撮影は特別な許可をもらい行っております。
（本書の内容は2007年取材時のものです）

あとがき

たまちゃんは、トップセールの福招きです。
和歌山電鐵は、たまちゃんと、そして地域の皆様とともに
「日本一心豊かなローカル線」を目指してまいります。

和歌山電鐵株式会社　代表取締役社長　小嶋光信

たま駅長、ミーコ、ちび助役のおかげで、
いちご電車に乗って貴志駅へ……ツアーまで出来る人気で
全国的に和歌山電鐵貴志川線を広めてくれました。
予想以上の立派な客招き業務をこなしてくれる
スーパー駅長「たま」、新しい仲間「おもちゃ電車」も加わり
駅長大張り切り。ほんとに駅長になるべく生まれてきたとしか
思えないほど、２匹といない立派なたまちゃんです。

和歌山電鐵株式会社　広報　山木慶子

いちご電車と、おもちゃ電車に乗って
貴志駅駅長の「たま」に会いに来てください。

小山商店　小山利子

たまの駅長だより～いちご電車で会いにきて～

2007年　9月30日　第1刷発行
2025年　5月　7日　第8刷発行

写　真　　坂田智昭

発 行 人　　牛木建一郎

発 行 所　　株式会社ホーム社
〒101-0051　東京都千代田区神田神保町3-29 共同ビル
電話（編集部）03-5211-2651

発 売 元　　株式会社集英社
〒101-8050　東京都千代田区一ツ橋2-5-10
電話（販売部）03-3230-6393（書店専用）
（読者係）03-3230-6080

取材協力　　両備グループ　和歌山電鐵株式会社

イラスト　　松上かんな

デザイン　　Creative·Sano·Japan（山崎美生）

印 刷 所　　中央精版印刷株式会社

ISBN978-4-8342-5139-5　C0072